Les huiles essentielles "Des mystérieux métabolites secondaires"

Samah Djeddi

Les huiles essentielles "Des mystérieux métabolites secondaires"

Manuel de formation destiné aux étudiants de Master

Presses Académiques Francophones

Mentions légales / Imprint (applicable pour l'Allemagne seulement / only for Germany)
Information bibliographique publiée par la Deutsche Nationalbibliothek: La Deutsche Nationalbibliothek inscrit cette publication à la Deutsche Nationalbibliografie; des données bibliographiques détaillées sont disponibles sur internet à l'adresse http://dnb.d-nb.de.
Toutes marques et noms de produits mentionnés dans ce livre demeurent sous la protection des marques, des marques déposées et des brevets, et sont des marques ou des marques déposées de leurs détenteurs respectifs. L'utilisation des marques, noms de produits, noms communs, noms commerciaux, descriptions de produits, etc, même sans qu'ils soient mentionnés de façon particulière dans ce livre ne signifie en aucune façon que ces noms peuvent être utilisés sans restriction à l'égard de la législation pour la protection des marques et des marques déposées et pourraient donc être utilisés par quiconque.

Photo de la couverture: www.ingimage.com

Editeur: Presses Académiques Francophones est une marque déposée de
Südwestdeutscher Verlag für Hochschulschriften GmbH & Co. KG
Heinrich-Böcking-Str. 6-8, 66121 Sarrebruck, Allemagne
Téléphone +49 681 37 20 271-1, Fax +49 681 37 20 271-0
Email: info@presses-academiques.com

Produit en Allemagne:
Schaltungsdienst Lange o.H.G., Berlin
Books on Demand GmbH, Norderstedt
Reha GmbH, Saarbrücken
Amazon Distribution GmbH, Leipzig
ISBN: 978-3-8381-8952-9

Imprint (only for USA, GB)
Bibliographic information published by the Deutsche Nationalbibliothek: The Deutsche Nationalbibliothek lists this publication in the Deutsche Nationalbibliografie; detailed bibliographic data are available in the Internet at http://dnb.d-nb.de.
Any brand names and product names mentioned in this book are subject to trademark, brand or patent protection and are trademarks or registered trademarks of their respective holders. The use of brand names, product names, common names, trade names, product descriptions etc. even without a particular marking in this works is in no way to be construed to mean that such names may be regarded as unrestricted in respect of trademark and brand protection legislation and could thus be used by anyone.

Cover image: www.ingimage.com

Publisher: Presses Académiques Francophones is an imprint of the publishing house
Südwestdeutscher Verlag für Hochschulschriften GmbH & Co. KG
Heinrich-Böcking-Str. 6-8, 66121 Saarbrücken, Germany
Phone +49 681 37 20 271-1, Fax +49 681 37 20 271-0
Email: info@presses-academiques.com

Printed in the U.S.A.
Printed in the U.K. by (see last page)
ISBN: 978-3-8381-8952-9

Etudier, c'est comme ramer à contre courant,

si vous n'avancez pas vous reculez.

Proverbe chinois

Table des matières

Chapitre II : Les huiles essentielles

Liste des figures

Introduction

Introduction

L'histoire des plantes aromatiques et médicinales est associée à l'évolution des civilisations, l'homme depuis les plus anciennes civilisations, s'est intéressé aux plantes médicinales et a essayé de les utilisées pour répondre à ses interrogations et à sa curiosité. A travers les siècles, il a pu grâce à ses expériences et son intelligence accumuler un savoir important et diversifié sur les vertus médicinales des plantes.

De nos jours, nul ne peut ignorer que le traitement traditionnel à base de plantes, trouve un accueil favorable auprès des populations non seulement du fait qu'il est hérité des ancêtres mais parce qu'il a prouvé son efficacité au fil des temps.

Ces plantes doivent leur pouvoir curatif aux principes actifs qu'elles contiennent. Ces dernières renferment une grande liste de composés parmi eux les huiles essentielles. Ce sont les ingrédients de base pour la préparation des parfums, des savons, des désinfectants et de produits similaires. Les huiles essentielles ont également des applications importantes en médecine, soit pour leurs qualités odorantes, soit pour leurs efficacités physiologiques. En Chine, en Inde, au Moyen-Orient, en Egypte, en Grèce, en Amérique et en Afrique, les huiles essentielles sont reconnues et utilisées depuis des millénaires pour leurs puissantes propriétés thérapeutiques. En Europe par contre, il faut attendre la révolution industrielle pour que l'extraction des huiles essentielles par distillation à la vapeur d'eau ait lieu. En fait, c'est au début du XXème siècle que les propriétés des huiles essentielles et leurs vertus thérapeutiques commencent à être sérieusement étudiées. R.M Gatefossé, pionnier de la parfumerie moderne, se brûle un jour les mains lors d'une explosion dans son laboratoire. Il a alors le réflexe de plonger ses mains dans un récipient rempli d'huile essentielle de lavande. Le soulagement est immédiat, et sa plaie guérit avec une rapidité inattendue. Etonné par ce résultat, il décide alors d'étudier les huiles essentielles et leurs propriétés. Gatefossé, Valnet et ses disciples sont considérés comme les « pères » de l'aromathérapie.

Les plantes médicinales

Les plantes médicinales

Produites dans de nombreux pays du monde sous des formes très variées, les plantes aromatiques et médicinales sont une source intarissable de molécules intéressant le monde industriel. Les molécules issues de ces plantes sont souvent assimilées à des principes actifs possédant des propriétés spécifiques qui leur confèrent un caractère unique. Issues de la biodiversité, ces plantes particulièrement recherchées sont adaptées à des pays dont l'environnement et le climat facilitent leur culture.

L'exploitation des molécules d'intérêt n'est par conséquent possible que dans les pays où la population entretient et cultive ces plantes depuis des décennies.

1. Historique des plantes médicinales

Tout au long de l'histoire figure l'utilisation des plantes par l'homme pour se nourrir et se soigner. Les tablettes d'argile de l'époque sumérienne qui décrivent une pharmacopée (*recueil des médicaments donnant leur mode de préparation, leur composition et leur action, autre fois appelée Codex*) riche en plantes tel le myrte, le thym et le saule. Celles-ci étaient utilisées en décoctions que l'on filtrait avant de les absorber (**Figure 1**).

Figure 1 : Tablette d'argile de l'époque sumérienne

Même si la magie a longtemps tenu un rôle important dans l'acte médical, les anciens, des Chinois aux Grecs et des Arabes aux Romains, ont très tôt mis à jour la propriété curative des plantes. Voyages, expéditions et guerres de religions, sont autant d'évènements permettant d'expliquer les avancées successives de la connaissance dans le domaine de la phytothérapie et de la pharmacognosie (*étude des médicaments provenant de substances animales ou végétales*) qui constituent les bases de la médecine moderne. Le papyrus Ebers est l'un des plus anciens traités médicaux qui nous soit parvenu : il aurait été rédigé au XVIe siècle avant notre ère, pendant le règne d'Amenhotep (**Figure 2**).

Figure 2 : Papyrus Ebers

2. Définition des plantes médicinales

On appelle plantes médicinales ou pharmaceutiques celles qui après avoir été séchées ou traitées, interviennent dans la préparation des médicaments. Les remèdes qu'on en tire servent de matières premières dans l'industrie ou la médecine.

En médecine, les remèdes tirés des plantes sauvages ou cultivées portent le nom de préparations galéniques, qui sont de différents types (**Figure 3**) :

- *Cataplasme :* Préparation de plante assez pâteuse appliquée sur la peau dans un but thérapeutique.
- *Compresse* : Application durable d'une gaze ou d'un linge sur la partie du corps à soigner. La gaze a préalablement été imbibée de la préparation qu'on veut employer.
- *Décoction* : Placer la plante dans l'eau froide portée à ébullition de 10 à 30 minutes.
- *Extrait* : Solution qui recueille une partie des principes actifs de la plante soumise à traitement avec un solvant (eau, alcool, éther) qui en retire les principes solubles.
- *Gargarisme* : Préparation pour rincer la bouche et la gorge.
- *Infusion* : Mettre une quantité de plante dans de l'eau bouillante pendant 10 minutes.

- **Inhalation** : Le malade hume directement les vapeurs thérapeutiques en plaçant sa tête au-dessus du récipient où l'extrait de plante aromatique se dissout dans de l'eau presque bouillante.
- **Macération**: Mettre la plante à froid dans un liquide (eau, alcool, huile). Le temps de macération dépend du type de plante utilisé.

Infusion

Décoction
(*Rosmarinus officinalis*)

Gargarisme

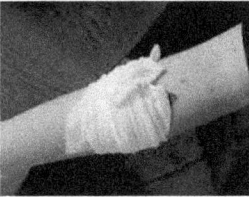
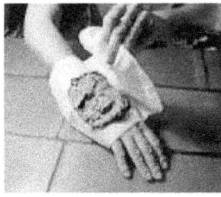

Compresse

Cataplasme

Inhalation

Extraction par solvant

Figure 3 : Les différentes préparations galéniques

3. Habitat des plantes médicinales

Les plantes médicinales se rencontrent pratiquement sous toutes les latitudes, dans les habitats les plus divers, partout où existe le monde végétal. On trouve, à l'état spontané, l'adonis, le chardon bénit, le fenouil, le thym, le romarin, la sauge, l'hysope, etc.

Dans les pays montagneux, on peut trouver l'aconit, la busserole, l'arnica. Dans les sols salés du bord de mer, on peut trouver l'absinthe maritime, l'ache. Au bord de l'eau poussent la guimauve, la menthe, etc. Sur les coteaux secs vivent l'anémone, le serpolet. Dans les régions granitiques, la digitale, le lycopode, dans les haies et les buissons, la grande mauve, le prunellier, la pervenche. Dans les bois et les forets, le muguet, le houx. Dans les pâturages humides, la colchique, la bistorte, etc. dans l'eau, les nénuphars, le cresson.

4. Identité botanique

L'identité botanique, signifie le nom scientifique (genre, espèce et sous espèce/variété) de chaque plante médicinale cultivée, elle doit être déterminée ou définie et enregistrée. Le nom local et le nom commun français et arabe, s'ils existent, sont également enregistrés. Toute autre information pertinente, comme le mode de culture, l'écotype, le chimiotype ou le phénotype, peut également être notée selon le cas.

En ce qui concerne les cultivars disponibles dans le commerce, le nom du cultivar et celui du fournisseur doivent être indiqués. Dans le cas d'espèces primitives récoltées, multipliées, disséminées et cultivées dans une région déterminée, on note la lignée avec son nom local et la source des graines.

5. Culture des plantes médicinales

La culture des plantes médicinales requiert des soins attentifs et une gestion adéquate. Les conditions et la durée de culture dépendent de la qualité des matières végétales recherchées. S'il n'existe pas de données scientifiques publiées ou documentées sur la culture des plantes médicinales, on peu suivre, là où c'est possible, les méthodes de culture traditionnelles. Les principes de bonne gestion agricole, y compris par la rotation appropriée des cultures en fonction de leurs exigences environnementales, devront être appliqués, et les labours seront adaptés au développement des plantes et aux autres besoins de la culture.

5.1. Choix du site de culture

La matière végétale dérivée de la même espèce peut présenter des différences importantes de qualité d'un site de culture à un autre, du fait de l'influence du sol, du climat et d'autres paramètres. Ces différences peuvent porter sur l'aspect physique des plantes ou sur leurs constituants dont la biosynthèse peut être affectée par des conditions environnementales extrinsèques, notamment par des variables écologiques et géographiques, et doivent être prises en compte. Les risques de contamination du fait de la pollution des sols, de l'air ou de l'eau, ou par des produits chimiques dangereux, doivent être évités. L'impact de l'utilisation passée des sols sur le lieu de culture choisi, notamment les plantations précédentes et les applications éventuelles de produits phytosanitaires, doit être évalué.

5.2. Le climat

Les conditions climatiques, par exemple la période de la journée, les précipitations et la température extérieure, ont une influence sensible sur les qualités physiques, chimiques et biologiques des plantes médicinales. La durée d'ensoleillement, la hauteur moyenne des précipitations, la température moyenne et l'amplitude thermique entre le jour et la nuit influencent également l'activité physiologique et biochimique des plantes. Il est important de déterminer au préalable tous ces facteurs.

5.3. Le sol

Le sol doit contenir des quantités appropriées d'éléments nutritifs, de matières organiques et d'autres éléments de façon à assurer à la plante un développement et une qualité optimale. Les conditions pédologiques optimales - type de sol, de drainage, rétention de l'humidité, fertilité, pH - sont dictées par l'espèce de plantes médicinales ou aromatiques choisies et/ou par la partie de la plante que l'on souhaite récolter. Il est souvent indispensable d'utiliser des engrais pour obtenir des rendements élevés. Il est toutefois nécessaire de s'assurer, grâce à la recherche agronomique, que les types adéquats d'engrais sont correctement utilisés ainsi que les quantités.

Dans la pratique, on utilise des engrais organiques et naturels. Mais, quels que soient les engrais utilisés, ils doivent être appliqués avec parcimonie et en fonction des besoins de la plante médicinale cultivée et de la capacité du sol. L'application devra être réalisée de façon à éviter au maximum le lessivage.

6. Période de récolte et techniques de cueillette des plantes médicinales

Les propriétés des plantes médicinales dépendent essentiellement de la région de production, de la période de récolte et des techniques de cueillette. La connaissance du calendrier des récoltes et des techniques de cueillette et de conservation doit toujours être considérée afin de garantir la qualité des produits. Les différentes parties d'une plante (racines, tiges, feuilles, fleurs, fruits et graines) ont des modalités de croissance bien déterminées et chacune d'entre elles renferment, à des moments précis et en proportions variables, les différents éléments qui conditionnent leur qualité et leur efficacité.

La cueillette doit toujours tenir compte des variations climatiques et saisonnières. Pour déterminer les propriétés d'une plante, il est donc nécessaire de prendre en considération, non seulement la partie utilisée mais aussi sa morphologie, sa couleur, sa nature, sa saveur et ne pas s'arrêter sur un seul critère.

Généralement les plantes médicinales sont cueillies lorsque la teneure en matières actives est la plus forte, plusieurs règles doivent être respectées :

- *La cueillette doit être faite par beau temps et sans vent, jamais par temps de pluie ;*
- *Choisir les plantes les plus vigoureuses, écarter celles qui sont flétries ;*
- *Les sommités fleuries et les fleurs seront cueillies avant leur plein épanouissement ; les boutons, cependant, ne doivent être ni nues ni fermés ;*
- *Les fruits et les semences doivent atteindre leur maturité complète ;*
- *Les racines doivent être nettoyées avec une brosse ; il ne faut jamais les laver, à moins qu'on ne les emploie tout de suite.*
- *Réaliser la récolte dans des endroits à l'écart de la pollution, loin des routes fréquentées et des décharges (il faut faire attention aux champs agricoles abondamment traités avec des produits chimiques comme les pesticides, les herbicides et engrais de synthèse).*
- *Il faut montrer la plante cueillie à une personne compétente ;*

7. Techniques de conservation des plantes médicinales

7.1. Le séchage

De la qualité du séchage va dépendre la conservation de la plante. La cueillette terminée, la plante est débarrassée de tout détritus indésirable, puis ses différentes parties sont traitées de manière spécifique. Selon les catégories de plantes, les techniques de séchage peuvent variées: séchage au soleil, séchage à l'ombre, séchage artificiel. Le séchage doit être effectué espèce par espèce et il ne faut jamais mélanger plusieurs espèces.

Le séchage au soleil est la méthode la plus simple et la plus économique. Il concerne surtout les racines, les tiges et les graines. Les feuilles vertes séchées au soleil jaunissent, les pétales de fleurs perdent leurs couleurs vives, ce qui peut altérer les propriétés médicinales de ces produits.

Les plantes aromatiques, pour ne pas perdre leur parfum, ne doivent pas rester trop longtemps au soleil. Les séchages artificiels doivent s'effectuer dans un endroit sec, à l'abri du soleil. Ils conviennent particulièrement aux plantes aromatiques. Les séchages artificiels s'obtiennent à l'étuve ou dans une chambre de séchage chauffée. Les fruits, qui contiennent beaucoup de jus, ou les racines, riches en sucs, doivent être séchés rapidement à une température moyenne de 25-30° C.

Les fleurs seront disposées sur du papier blanc ou de la toile et doivent former une couche dont l'épaisseur ne dépassera pas 1 à 2cm afin d'éviter la fermentation.

7.1.1. Les parties aériennes

Les herbes et les sous arbrisseaux, (exemple : les labiées) doivent être préalablement débarrassées, les débris (parties mortes, organes altérés ou détériorés par les parasites) avant d'être soigneusement lavées puis étalées sur des claies entreposées dans un lieu sec et à l'ombre pendant 24 heures. Il faudra ensuite former de petits bouquets (en prenant soin de ne pas trop sevrer les rameaux entre eux, afin d'assurer une bonne aération et éviter ainsi la formation de moisissures) puis les suspendre dans un lieu sec à l'abri de la lumière et de la poussière.

Une fois la dessiccation assurée, il ne reste plus qu'à mettre les organes des plantes découpés en petits morceaux dans des bocaux en verre ou dans des boites en carton fort.

7.1.2. Les fleurs (boutons, capitules……etc)

Séparées de leurs pédoncules à la base du réceptacle seront minutieusement débarrassées des parasites qui peuvent se glisser dans les corolles dans les calices ou entre les bractées, puis désinfectées et disposées sur les claies ou sur des feuilles en papier, bien espacées entre elles entreposées dans un lieu abrité de la lumière de la poussière et de l'humidité, les petites inflorescence sont généralement conservées avec leur rameaux mais il est conseillé de protéger les ensembles de fleurs (grappes, panicules, épis……etc) avec un sachet en papier pourvu de petits trous pour en assurer l'aération.

7.1.3. Les fruits (baies, drupes)

Demandent parfois à être séchés dans un four, pour cela il suffit de les étaler sur une feuille de papier aluminium placée sur un plateau et d'introduire celle-ci dans le four, à feu doux et à porte ouverte.

7.1.4. Les petites graines (akènes)

Peuvent être récoltées en plaçant les ensembles fructifères (grappes, panicules, épis, ombelles…..etc) dans un sachet en papier, puis de secouer à fin de déployer les petits fruits secs de leur réceptacles.

7.1.5. Les racines

Doivent être bien lavées, débarrassées de toute trace de souillure et des débris avant d'être découpées en rondelles ou en morceaux. Normalement les racines qui ne renferment pas de substances volatiles ou du mucilage et qui ne sont pas sensibles à la lumière peuvent être séchées au soleil dans le cas contraire (les racines mucilagineuses) elles doivent être séchées à l'air sec ou au four (de la même manière que les baies et les drupes).

7.1.6. L'écorce et le bois

Peuvent être récupérés sur des branches coupées des arbres ou des arbustes. Leur dessiccation au soleil ou à l'étuve est un peu délicate mais la technique est semblable à celle que l'on applique de nos jours.

7.2. La conservation des plantes médicinales

Au cours d'un stockage prolongé, les méthodes et les conditions de conservation doivent permettre d'éviter toute modification de la nature des plantes (vermine, moisissures, micro-organismes) afin de préserver l'intégrité de leurs propriétés actives. La qualité des plantes aromatiques ou médicinales en dépend. C'est une étape importante dans la garantie des propriétés des plantes étudiées ou utilisées.

Le développement des moisissures et des micro-organismes est favorisé par l'humidité pouvant provenir de la plante elle-même, d'une mauvaise aération du lieu de conservation ou de l'humidité du sol. Ces facteurs qui peuvent accélérer les processus de fermentation ou d'oxydation de certains constituants végétaux. La conservation dans un endroit frais évite, par exemple, la dissémination des spores et la multiplication des parasites. Aussi, est-il souvent nécessaire, dans un premier temps, de soumettre les produits récoltés au séchage par le soleil, tout en sachant qu'un séchage trop prolongé au soleil modifie non seulement la couleur mais aussi la nature de ceux-ci.

La conservation à l'abri de la lumière, dans des récipients en porcelaine, en faïence ou en verre teinté, est être nécessaire pour les plantes qui subissent des transformations chimiques sous l'influence des ultraviolets. La conservation en milieu étanche peut être utile pour les plantes qui s'oxydent rapidement ou qui contiennent des produits volatils.

Il faut étiqueter les sacs et bocaux avant de les ranger à l'abri de l'humidité et de la chaleur, car les pires ennemis des plantes médicinales sont la poussière, la chaleur et l'humidité qui sont susceptibles de dissiper les principes actifs ou pire encore de les altérer. Sur chaque bocal il faudra coller une étiquette portant le nom de la plante qu'il contient à fin d'éviter toute possibilité de confusion, les bocaux seront placés dans un endroit frais et sec (**Figure 4 & 5**).

Figure 4 : Exemple de méthodes de séchage

Figure 5 : Exemple de méthodes de conservation

8. Les différents principes actifs des plantes médicinales

Pour comprendre l'usage des plantes médicinales et leurs modes d'actions, il est nécessaire d'être orienté sur leurs principes actifs et leurs efficacités.

La teneur d'une plante en principes actifs est très variable ; il peut même arriver que ces principes manquent totalement, par exemple dans le cas où la plante a vécu dans des conditions défavorables ou dans celui où la plante récoltée appartient à une race pauvre en principes actifs. A l'opposé, il peut arriver que la teneur en principes actifs soit bien au dessus de la normale, que la plante ait donc une activité beaucoup plus forte.

Les groupes des principes actifs importants sont les suivants :

8.1. Les constituants minéraux

Parmi eux on a les sels de potassium et de calcium qui sont importants comme constituants de l'organisme ; les sels de potassium jouissent en plus de propriétés diurétiques, tandis que les sels de calcium participent à l'élaboration du système osseux, à la régulation du système nerveux et à la résistance aux maladies infectieuses. Les sels de potassium se trouvent en abondance dans presque toutes les plantes où ils existent en général sous forme soluble. Les sels de calcium sont beaucoup moins solubles et ne pénètrent guère dans l'organisme par l'intermédiaire des tisanes.

8.2. Les acides organiques

Sont des constituants constants des végétaux ; ils s'accumulent par dans les fruits ; leur rôle est de maintenir à l'intérieur de la cellule végétale une pression osmotique semblable à celle de l'extérieur en réglant la diffusion de l'eau à travers les parois de la cellule.

Les plus connus sont les acides maliques, citriques, oxaliques, propénoïques, benzoïques et tartriques. Ils agissent dans certains cas comme laxatifs légers, spécialement l'acide tartrique et ses sels (Fig. 6).

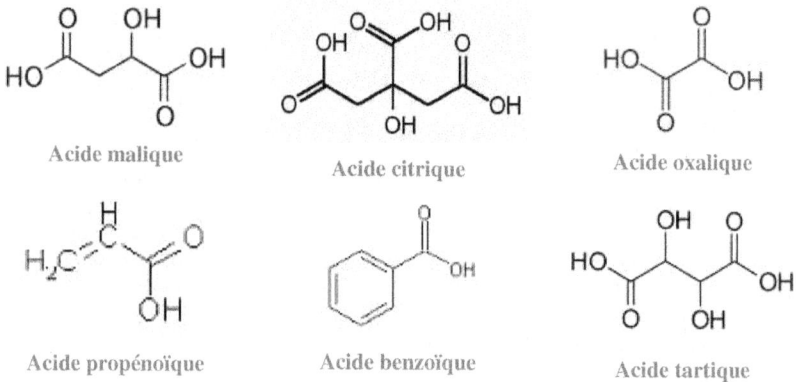

Acide malique

Acide citrique

Acide oxalique

Acide propénoïque

Acide benzoïque

Acide tartique

Figure 6 : Les différents acides organiques

8.3. Le mucilage

C'est un polyoside (glucide) qui gonfler dans l'eau et forme une solution visqueuse (gel) ; c'est à cette propriété qu'il doit son effet laxatif : l'eau est retenue dans l'intestin, ce qui empêche le contenu de trop durcir. Aussi, le mucilage forme une couche protectrice sur la muqueuse contre les substances irritantes. Les principales drogues à mucilages sont la graine de lin, le fenugrec, la mauve. Par cuisson prolongée, les mucilages sont dégradés en sucres et perdent leur activité.

8.4. Les glycosides

Sont contenus en grande quantité dans le suc cellulaire de certaines plantes. Ils jouent un rôle dans le stockage des réserves nutritives et la protection de la plante.

La partie sucrée de la molécule améliore souvent la solubilité dans l'eau, donc la disparition dans l'organisme du malade.

D'après leurs compositions chimiques et leurs actions physiologiques, on en distingue plusieurs groupes :

- **_Les glycosides cyanogènes (cyanures)_** : leurs décomposition libère l'acide cyanhydrique servent aux plantes comme moyen de défense contre les herbivores. Les racines du manioc ou encore les graines de lin contiennent des glucosides cyanogènes et, souvent, il faut les traiter avant la consommation (en général par ébullition prolongée). Ils se rencontrent dans les noyaux de fruits (cerises et les abricots), les pépins de pomme et les amandes amères. L'ingestion de 50 amandes amères peut causer la mort d'un homme. Selon l'Agence canadienne d'inspection des aliments, le glycoside cyanogène contenu dans ces amandes devient toxique lorsqu'il se transforme en acide cyanhydrique dans le corps. La dose létale de cyanure se situe entre 0,5 et 3,0 mg par kg de poids corporel.

- **_Les glycosides anthraquinoniques_** : ils ont un effet laxatif ; on les trouve dans l'écorce de certaines plantes.
- **_Les glycosides tonicardiaques_** : sont très toxiques en très faible quantité ; ils diminuent de la fréquence cardiaque et augmentent l'excitabilité myocardique, on les tire du muguet et de la digitale.

8.5. Les saponines

Sont des glucosides possédant la particularité de mousser dans l'eau comme du savon. Introduites à hautes doses dans le sang, elles causent l'hémolyse ou destruction des globules rouges. En médecine, les saponines sont utilisées comme vomitifs et expectorants (exclusion du mucus) dans les d'inflammation des muqueuses du système respiratoire supérieur. Les plantes contenant des saponines sont la réglisse et la violette odorante.

8.6. Les tanins

Se sont des composés phénoliques qui servent dans la protection de la plante contre les parasites. Ils se trouvent dans le cytoplasme de la cellule végétale ou concentrés dans des poches spéciales (vacuoles à tanin). Ils ont la propriété de précipiter les protéines (albumine) c'est la raison pour laquelle ils transforment la peau animale en cuir. On les trouve dans l'écorce de chêne, les feuilles de noyer, les roses, etc.

A l'état libre et à haute dose, ils irritent les muqueuses ; de faibles doses précipitent de petites quantités d'albumine dans les cellules des muqueuses qui sont ainsi imperméabilisées ; les irritants sont alors arrêtés avant d'avoir pu pénétrer dans la couche profonde de la muqueuse malade, ce qui favorise la guérison. Cette imperméabilisation explique aussi l'action constipante des tanins ainsi que leur emploi dans le traitement de certaines brûlures. C'est par un processus analogue que les tanins arrêtent le développement des bactéries qui, ne trouvant plus les albumines nécessaires à leur nutrition, cessent de proliférer surtout que leurs propres albumines sont aussi précipitées.

D'autre part, les tanins contractent les vaisseaux sanguins les plus fins, ce qui permet d'arrêter certaines hémorragies. Les tanins sont sensibles à l'oxygène de l'air qui les transforme en substances inactives ; un traitement prolongé à l'eau bouillante les détruit aussi.

8.7. Les graisses et les huiles

Servent de matières de construction et de réserve pour la plante ; les graines et les fruits qui servent à emmagasiner les matières nutritives, peuvent être très riches en ces substances. Mais une conservation trop longue ou mal réalisée provoque la destruction des huiles et des graisses, qui deviennent rances et inutilisables. On rencontre surtout des huiles : huile d'olive, de graisses de lin, de ricin…

Dans ce même groupe de substances, on compte encore les cires. Elles forment une couche mince à l'extérieur des feuilles, fruits et branches, protégeant ainsi la plante contre le dessèchement et la pénétration d'eau. On peut citer aussi les phytostérols présents en petites quantité dans l'huile de maïs pas exemple.

8.8. Les huiles essentielles

Ce sont des substances liquides, qui dégagent une odeur aromatique agréable. Elles sont volatiles à une température normale. Les huiles essentielles, qui sont des déchets du métabolisme de la plante, sont emmagasinées dans des cellules spéciales, des glandes ou des canaux situés dans la profondeur des tissus ou à la surface de l'épiderme. La proportion de ces substances dans la plante dépend de l'âge de celle-ci, de la saison, du climat etc.

L'activité des essences est très variable, certaines agissent sur le système nerveux central, comme l'essence d'absinthe (excitante). Beaucoup d'entre elles favorisent la sécrétion du suc digestif (salive, liquide stomacal et intestinal, bile) et stimulent par conséquent l'appétit. Elles peuvent faciliter la digestion et régulariser les fonctions de l'intestin. Déposées sur des muqueuses ou des plaies et même sur l'épiderme sain, elles peuvent provoquer un afflux de sang et tout particulièrement de leucocytes. Cette propriété, combinée aux propriétés bactéricides de certaines essences, est à la base de leur action désinfectante.

8.9. Les résines

Remplissent dans la plante la même fonction que les essences, elles sont produites par la plante lorsque celle-ci a été endommagée. Elles ne sont pas volatiles ; on les utilise comme irritants de la peau.

8.10. Les alcaloïdes

Se sont des composés azotés basiques, de structure complexe, qui se trouvent dans de nombreuses plantes comme produits de déchets du métabolisme. On les rencontre principalement chez les dicotylédones.

Les alcaloïdes apparaissent liés aux acides organiques dans le cytoplasme des tissus extérieurs. Ils sont toxiques, leur utilisation ne peut avoir lieu que sous contrôle médical.

Ils ont une action plus ou moins énergique sur le système nerveux central et végétatif.

On rencontre les alcaloïdes dans les feuilles de la jusquiame, la belladone, le pavot etc.

8.11. Les vitamines

Ils sont indispensables à un développement normal de la plante. Les vitamines sont des matières organiques relativement complexes.

L'absence de certaines vitamines dans l'alimentation humaine peut provoquer des avitaminoses qui se traduisent par une résistance moindre aux maladies. Mais un excès de vitamines peut également amener à l'hypervitaminose ce qui cause des troubles. On distingue les vitamines hydrosolubles qui sont : le groupe des vitamines B, la vitamine C ou acide ascorbique, et les vitamines liposolubles : A, D, E, F et K.

8.12. Les flavonoïdes

Les flavonoïdes présents dans la plupart des plantes, sont des pigments polyphénoliques qui contribuent entre autres, à colorer les fleurs et les fruits en jaune ou autre, ont un important champ d'action et possèdent de nombreuses vertus médicinales Antioxydants, ils sont particulièrement actifs dans le maintien d'une bonne circulation. Certains flavonoïdes ont aussi des propriétés anti-inflammatoires et antivirales et des effets protecteurs sur le foie. Des flavonoïdes comme l'hespéndine et la rutine, présentes dans plusieurs plantes, dont le citronnier renforcent les parois des capillaires et préviennent l'infiltration dans les tissus voisins Les isoflavones que l'on trouve par exemple dans le trèfle rouge sont efficaces dans le traitement des troubles liés à la ménopause.

8.13. Les coumarines

Les coumarines, de différents types, se trouvent dans de nombreuses espèces végétales et possèdent des propriétés très diverses Les coumarines du marronnier d'Inde contribuent à fluidifier le sang, d'autres contribuent à soignent les affections cutanées et sont aussi de puissants vasodilatateur coronarien.

8.14. Les substances amères

Les substances amères forment un groupe très diversifié de composants dont le point commun est l'amertume de leur goût. Cette amertume stimule les sécrétions des glandes salivaires et des organes digestifs. Ces sécrétions augmentent l'appétit et améliorent la digestion. Avec une meilleure digestion, et l'absorption des éléments nutritifs adaptés, le corps est mieux nourri et entretenu. De nombreuses plantes ont des constituants amers, notamment l'absinthe et le houblon (**Fig. 7**).

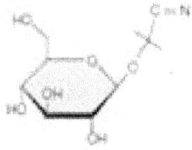

Manihotoxine

(Glycoside cyanogène)

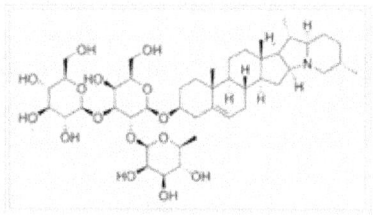

La solanine

(Saponine)

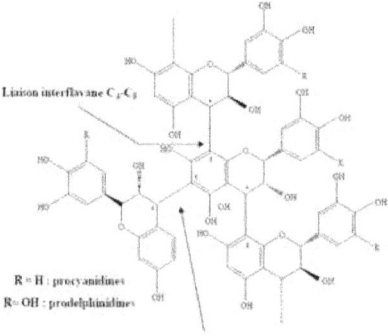

R = H : procyanidines
R= OH : prodelphinidines

Liaison interflavane C₄-C₈

Liaison interflavane C₆-C₄

Tanin condense

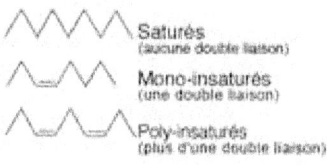

Saturés
(aucune double liaison)

Mono-insaturés
(une double liaison)

Poly-insaturés
(plus d'une double liaison)

Graisses végétales

22

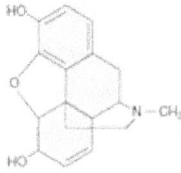

Morphine

(Alcaloïde)

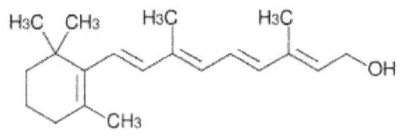

Vitamine A

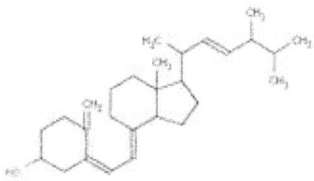

Vitamine D

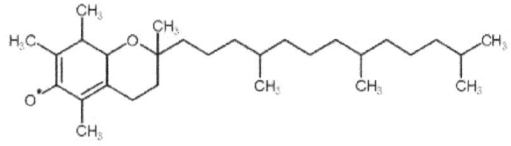

Vitamine E

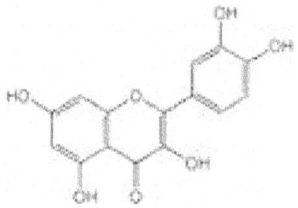

Quercetine

(Flavonoïde)

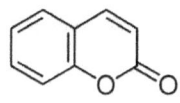

Coumarine

Figure 7 : Structure de quelques substances naturelles

9. Facteurs de variations des principes actifs d'une plante

La teneur des principes actifs dans la plante dépendent d'un certain nombre de facteurs :

9.1. Facteurs liés au végétal

La nature du principe actif est un facteur évident qui influence l'activité pharmacologique ou toxicologique d'une plante. Les principes actifs d'origine végétale ont une constitution chimique extrêmement variée d'où des effets pharmaco-toxicologiques dissemblables. Les substances actives responsables de l'activité des plantes peuvent être différemment réparties dans le végétal, plusieurs cas de figure sont possibles :

a) principe actif présent dans tous les organes de la plante soit à des concentrations à peu près égales ou à des concentrations différentes suivant l'organe.

b) Principe actif présent dans certains organes seulement (graines, feuilles, …).

La concentration et la composition du principe actif peut varier en fonction du stade de développement de la plante, elle peut être maximale selon l'espèce végétale soit :
- au début de la végétation (puis diminution et disparition en fin de croissance),
- au moment de la floraison,
- en fin de croissance.

L'aptitude à synthétiser une quantité variable de principe actif est le plus souvent contrôlée génétiquement, c'est pourquoi il existe de larges variations génétiques dans la teneur en principe actif des différentes variétés d'une même espèce botanique. Ces différences peuvent être quantitatives et/ou qualitatives (**Exemple** : *Ferula communis* L. var. *genuina* : très riches en 4-hydroxycoumarines et *F. communis* L. var. *brevifolia* qui ne contient qu'une seule 4-hydroxycoumarine toxique).

9. 2. Facteurs liés au biotope et aux techniques de récolte et de stockage

La lumière, la chaleur et la quantité d'eau ont une influence très variable sur la concentration en principe actif des plantes. La nature du sol et la fertilisation peuvent aussi influencer cette concentration. **Exemple** : la fumure azotée favorise la synthèse des alcaloïdes, les terrains pauvres en phosphore favorisent la synthèse des œstrogènes chez certaines légumineuses.

La teneur en principe actif peut être modifiée par les techniques de cueillette ou de récolte et de stockage du matériel végétal. (**Exemple** : développement des moisissures).

9.3. Facteurs liés au mode de préparation et du patient

Le mode de préparation et d'obtention de la drogue végétal est un autre facteur important qui influence l'activité des remèdes à base de plantes.

L'activité d'un principe actif dépendra de la sensibilité des individus qui le reçoivent ou qui l'ingèrent en fonction notamment de leur âge et de leur état physiologique et pathologique.

10. Utilisation des plantes médicinales

L'usage thérapeutique des plantes médicinales est basé sur de longues expériences marquées d'échecs et de réussites, pourtant plusieurs indications qui peuvent paraître un peu farfelues se sont révélées tout à fait concordantes avec les récentes découvertes de la phytothérapie.

Il est certain que les végétaux n'ont pas encore livré tous leurs secrets et bien que la notion de « plantes médicinales » semble exclusive, il n'existe pas de plantes sans danger c'est la connaissance des différentes substances et les expériences qui pourraient leur être dues et permettent de leur attribuer des propriétés et d'en expliquer le mécanisme : tel constituant agit sur la circulation vasculaire, tel autre sur les sécrétions glandulaires, certains interviennent directement dans la composition sanguine, d'autres encore, dans le métabolisme ou sur les fonctions d'élimination..etc. Encore que certains travaux de recherches donnent à penser que l'effet d'une plante n'est pas toujours celui de ses principes actifs aptès isolement ; on a même remarqué que la plante donnait souvent de bien meilleurs résultats que ses substances actives synthétisées.

Les huiles essentielles

Les huiles essentielles, tout le monde devine leur parfum très fort... Mais une huile essentielle, ce n'est pas juste un liquide qui sent bon !

Les huiles essentielles

1. Historique des huiles essentielles

Les huiles essentielles étaient connues depuis les temps les plus lointains, certains affirment que certaines huiles essentielles (anis, gingembre) ont été utilisées en chine autour de 2800 ans av. J.-C. dans le cadre de la médecine naturelle. D'autres préconisent que les traces d'utilisation de l'aromathérapie remontent à plus de 7000 ans av. J.-C. dont la preuve est un alambic en terre cuite retrouvé au Pakistan datant ce cette époque. On trouve également des inscriptions datant de l'époque égyptienne qui expliquent l'utilisation des aromes pour l'usage personnel, pour les préparations médicinales et religieuses (rituels et cérémonies dans les temples et les pyramides). Les égyptiens croyaient que pour atteindre un niveau supérieur de spiritualité ils devaient disperser les huiles essentielles pour fournir une protection contre les mauvais esprits.

Les romains quant à eux ont élaboré une liste contenant plus de 500 espèces de plantes aromatiques et médicinales. Ces derniers diffusaient les huiles dans leurs temples et édifices politiques, et parfumaient leurs bains qu'ils faisaient suivre d'un massage aux huiles essentielles.

L'invention de la distillation par les arabes au Vème siècle a développé de façon révolutionnaire l'art de l'extraction de ce type de produits. D'ailleurs le grand honneur revient à *Avicenne* d'être le premier à pouvoir distiller l'alcool qui est devenu par la suite un excellent solvant pour l'extraction des produits naturels à partir des plantes. Les riches arabes troquaient et achetaient des terres, de l'or ou des esclaves en échange des huiles essentielles, qui avaient plus de valeur que l'or.

En Europe, *Hippocrate* avait vivement recommandé l'utilisation des herbes médicinales dans la nourriture afin de se protéger des maladies, mais jusqu'au 12ème siècle les européens ne produisaient pas des huiles essentielles.

Une grande partie des connaissances sur les huiles essentielles a été perdue durant le moyen âge lors d'incendies comme celui de la bibliothèque d'Alexandrie. Au 19ème siècle la science des huiles essentielles refait surface avec force dans le cadre des industries agroalimentaires, cosmétologies et de parfumeries. Vers 1910 la France était le centre de l'industrie d'extractions des essences par distillation. En 1937, le chimiste français René-Maurice Gatte fossé publia ses découvertes dans son livre intitulé *"Aromathérapie"*. Il est considéré comme le père de l'aromathérapie moderne .

Durant la guerre de 1939-1945, le Dr. Jean Valnet guérissait les blessures de guerre en utilisant des huiles essentielles. Les notions curatives des huiles essentielles furent vulgarisées par son premier livre: *"L'aromathérapie, traitement des maladies par les essences des plantes"* (publié en 1964).

Avec le développement de la science moderne, la technologie des huiles essentielles a connue de nouvelles méthodes d'extraction et d'analyse. Depuis, elles ont donné lieu à un développement ininterrompu qui a conduit à la naissance d'une industrie des plantes à parfum.

On connaît actuellement 2000 huiles essentielles, parmi lesquelles près de 200 font l'objet d'importantes transactions commerciales internationales, elles sont d'un usage courant et servent de matière première pour l'industrie pharmaceutique.

2. Définition des huiles essentielles

Appelées aussi : essences de plantes, essences aromatiques ou essences végétales. Jusqu'à présent aucune définition des huiles essentielles n'a le mérite de la clarté ni de la précision.

Pour la 8éme édition de la pharmacopée française (1965), la définition officielle des huiles essentielles est :

« *Produits de composition généralement assez complexe renferment les principes volatils contenus dans les végétaux et plus ou moins modifiés au cours de la préparation. Pour extraire ces principes volatils, il existe divers procédés. Deux seulement sont utilisables pour la préparation des essences officinales ; celui par distillation dans la vapeur d'eau de plantes à essence ou de certains de leurs organes, et celui par expression* ».

On octobre 1987 AFNOR (Association Française de Normalisation) proposait une autre définition :

« *Produits obtenus à partir d'une matière première végétale, soit par entraînement à la vapeur d'eau, soit par des procédés mécaniques à partir de l'épicarpe des Citrus, soit par distillation à sec. L'huile essentielle est ensuite séparée de la phase aqueuse par des procédés physiques* ».

Cette définition paraît encore restrictive car elle exclut de nombreux procédés d'extraction très utilisés sur les marchés de la pharmacie, de l'industrie cosmétique et agroalimentaire. Une définition encore plus large a donc été donnée :

« *Nom générique pour tous les produits lipophiles, volatils, préexistant dans une plante ou une drogue végétale. Une huile essentielle est constituée de nombreuses substances chimiques peu solubles dans l'eau. Dans la plante, celles-ci résultent pour la plus part du métabolisme des terpènes et de composés en C6-C3 et sont localisées dans les organes où elles sont biosynthétisées (cellules, poils, poches…etc). Les huiles essentielles sont obtenues par distillation à la vapeur, par hydrodistillation (entraînement à la vapeur d'eu) ou encore dans des cas particuliers, par pression mécanique (ex : agrumes) par dissolution dans des lipides (enfleurage pour les organes délicats tels que la fleur de Jasmin) et plus fréquemment maintenant dans des gaz supercritiques (dioxyde de carbone). L'extraction par dissolution dans des solvants fournit une fraction chargée de divers constituants liposolubles (cires, hydrocarbures…) ; après élimination du solvant ou du dioxyde de carbone, on obtient une « concrète » que l'on prive des constituants indésirables par refroidissement à la température du réfrigérateur (glaçage), suivi de décantation et de filtration »*

Remarque : Alors que les huiles grasses qui sont fixes et tachent le papier d'une manière permanente, les huiles essentielles se distinguent par le fait qu'elles se volatilisent par la chaleur et que la tache qu'elles font sur le papier est passagère.

3. Marché des huiles essentielles

3.1. Dans le monde

Un rapport du bureau de consultation spéciale en produits chimiques " SRI Consulting " en Californie estime que la consommation des arômes et des parfums dans le monde entier avoisine les 9.5 milliards de Dollars, avec un taux de 17% attribuable aux huiles essentielles et aux extraits naturels.

D'après la base de données du World Trade Analyzer, les parfums et les huiles essentielles représentent la dixième industrie parmi les dix industries les plus croissantes dans le monde. Sa croissance annuelle moyenne est de 12.5% durant la période 1985-2000. Quatre pays dominent la scène internationale comme producteurs potentiels d'huiles essentielles : le Brésil, l'Indonésie, la Chine et l'Inde. Les vingt principales huiles essentielles sur le marché mondial sont présentées dans le tableau suivant :

Tableau 1 : Classement des vingt premières huiles essentielles au monde.

Huile essentielle	Espèce	Volume (t)
Camphre	*Cinnamomum camphora*	725
Citron	*Citrus limon*	2.158
Citronnelle	*Cymbopogon winterianus*	2.830
Clou de girofle	*Syzygium aromaticum*	1.915
Coriandre	*Coriandrum sativum*	710

Cyprès de Chine	*Chamaecyparis funebris*	800
Eucalyptus (Cinéole- type)	*Eucalyptus globulus* et *E. polybractea*	3.728
Eucalyptus (Citronellal-type)	*Eucalyptus citriodora*	2.092
Genévrier de Virginie	*Juniperus virginiana*	1.640
Menthe poivrée	*Mentha piperita*	2.367
Menthe verte	*Mentha spicata*	851
Orange	*Citrus sinensis*	26.000
Pamplemousse	*Citrus paradisi*	694
Sassafras	*Ocotea pretiosa*	1.000
Sassafras de Chine	*Cinnamomum micranthum*	750

3.2. En Algérie

L'Algérie durant la période coloniale et après l'indépendance comptait parmi les pays producteurs des huiles essentielles provenant soit des cultures familiales ou des plantes spontanées tels que : la menthe, le jasmin, le rosier, le géranium, la lavande, le romarin, l'origan, le thym, la sauge…

Dès la fin des années soixante dix où sa dernière exportation était d'environ 2 tonnes d'huiles essentielles, la production est devenue quasiment inexistante. Actuellement la production d'huiles essentielles est limitée à quelques producteurs privés artisanaux, qui ne subvient pas au besoin du marché national. De ce fait, l'Algérie a eu recours aux importations de cette matière pour couvrir ses besoins (Tableau 2).

Tableau 2 : les importations de l'Algérie en huiles essentielles.

Année	Quantité (kg)
1992	167.799
1993	81.159
1994	139.956
1995	85.959
1996	119.582
1997	134.542

En 1999, les importations en huiles essentielles ont atteint une quantité de 50 tonnes, d'une valeur estimée à 300.000 $, cette dernière a franchit les 2 millions de $ en 2003, avec une quantité de plus de 200 tonnes d'huiles essentielles.

4. Localisation des huiles essentielles

Les huiles essentielles sont largement répandues dans le règne végétal avec des familles à haute teneur en matières odorantes comme les conifères, les rutacées, les myrtacées, les ombellifères, les lamiacées, les géraniacées… etc. Seules les Violaceae qui renferment des principes odorants semblent n'élaborer aucun mono- ou sesquiterpène.

L'appareil sécréteur des huiles essentielles peut être externe, comme dans bon nombre de lamiacées, ou bien interne, comme c'est le cas pour les différents eucalyptus (myrtacées).

La synthèse et l'accumulation des huiles essentielles sont généralement associées à la présence de structures histologiques spécialisées, souvent localisées sur ou à proximité de la surface de la plante : cellules sécrétrices des Lauraceae (laurier) et Zingiberaceae (gingembre), poils sécréteurs (trichomes glandulaires) des Lamiaceae (menthe), poches sécrétrices des Myrtaceae (myrte) et Rutaceae (oranger amer), canaux sécréteurs des Apiaceae (fenouil) et Asteraceae (camomille) (**Fig. 8 & 9**).

Dans le cas le plus simple, les huiles essentielles se forment dans le cytosol des cellules où soit elles se rassemblent en gouttelettes comme la plus part des substances lipophiles, soit elles s'accumulent dans les vacuoles des cellules du mésophile. Avec l'élévation de la température ces essences traversent vers l'extérieur la paroi cellulaire et la cuticule sous forme de vapeur.

Dans d'autre cas nous remarquons la présence de cellules glandulaires spécialisées qui éliminent activement les huiles dans des compartiments de stockage intracellulaires et les rejettent à l'extérieur de la surface du végétale.

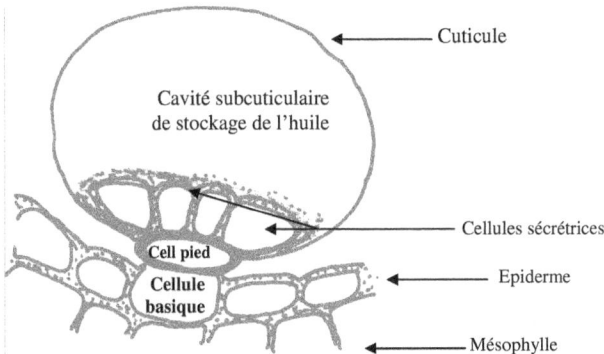

Figure 8 : Représentation schématique d'une coupe de poil glandulaire.

Les huiles essentielles sont produites dans les cellules sécrétrices puis accumulées dans la cavité qui se forme entre les cellules sécrétrices et la cuticule qui les recouvre.

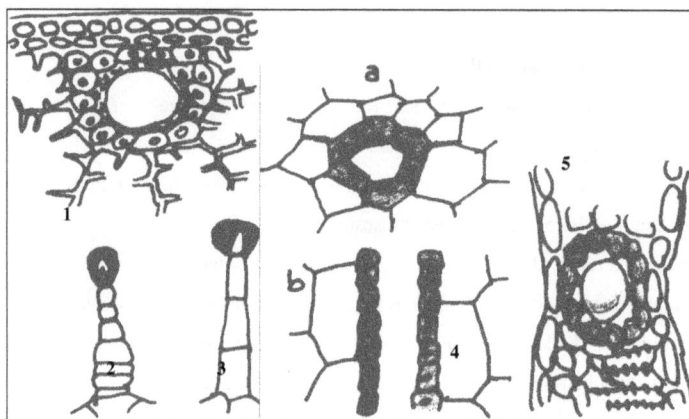

Figure 9 : Exemples d'appareils sécréteurs

1 : Canal sécréteur de feuille de pin.

2 : Poil sécréteur chez *Cistus*.

3 : Poil sécréteur chez *Pelargonium zonale*.

4 : Canal sécréteur de Lierre : a- en coupe transversale, b : en coupe verticale.

5 : Poche sécrétrice d'*Hypericum perforatum*.

Les huiles essentielles peuvent être stockées dans tous les organes végétaux : fleurs (tubéreuse,…), feuilles (citronnelle, eucalyptus, laurier…) et bien que cela soit moins habituel, dans des écorces (cannelier), des bois (bois de rose), des racines (vétiver), des rhizomes (curcuma, gingembre…), des fruits (tout- épice, anis, bardane…) des graines (muscade…).

Remarque : Quantitativement la teneur des plantes en huile essentielle est généralement faible ; elle est de l'ordre de 1% avec quelques exceptions comme dans le cas du bouton floral du giroflier où le taux en huile essentielle atteint 15%.

5. Intérêts des huiles essentielles chez la plante

Les huiles essentielles jouent divers rôles fonctionnels dans la plante. Dans le domaine des interactions végétales, les huiles essentielles ont un effet toxique sur la germination de la graine des espèces qui partagent le même espace. Dans le domaine des interactions végétal-animal, les huiles essentielles ont un effet attractif favorisant la pollinisation et la dispersion des grains de pollen. Aussi, elles ont un effet répulsif pour la protection contre les herbivores.

Toutefois, les terpènes pourraient constituer des supports à une communication par le transfert de messages biologiques et sélectifs, et peuvent avoir d'autres fonctions potentielles, comme dans la stabilisation et la protection des membranes de la plante contre les hautes températures.

Certains terpènes peuvent avoir une fonction énergétique. Ils sont mis en réserve pendant le jour et durant la nuit, ils sont dégradés en Acétyl CoA.

A coté de toutes ces fonctions, les huiles essentielles présentent aussi des intérêts pharmaceutiques, par leurs propriétés antiseptiques, antispasmodiques, diurétiques, sédatives, cicatrisantes, etc. D'autre part, les huiles essentielles sont couramment utilisées dans l'industrie cosmétique et dans les industries agro-alimentaires pour l'aromatisation des produits alimentaires.

6. Propriétés des huiles essentielles

Malgré leurs différences de constitution, les huiles essentielles possèdent un certain nombre de propriétés communes.

6.1. Propriétés physiquo-chimiques

Les huiles essentielles sont volatiles à la température ambiante, inflammable, et très odorante. Liquides dans la plus part des cas sauf pour quelques unes qui sont solide à la température ordinaire, exemple : l'huile essentielle d'Anis et de la Menthe du japon.

Elles sont généralement incolores et peuvent peu à peu prendre une coloration jaune plus au moins foncée, avec quelques exceptions : L'essence de Cannelle avec la couleur rougeâtre, l'essence d'Absinthe avec la couleur verte, l'essence de camomille avec la couleur bleue.

Elles sont solubles dans les alcools, l'éther et les huiles fixes, et sont insolubles dans l'eau, quoi qu'au contacte avec celle-ci elles laissent leur odeur.

La densité des huiles essentielles est inférieure à celle de l'eau allant de 0.85 à 0.95 et nous notons la présence de trois essences dites lourdes dont la densité est supérieure à celle de l'eau : l'huile de cannelle, de sassafras et de girofle.

D'autres propriétés physiques importantes caractérisent les huiles essentielles comme : la déviation polarimétrique, elles dévient la trajectoire d'un faisceau lumineux monochromatique polarisé, soit à gauche ou à droite. Le point d'ébullition varie de 160°C jusqu'à 240°C.

6.2. Propriétés médicinales

Beaucoup d'huiles essentielles ont des propriétés médicinales qui ont été utilisées en médecine traditionnelle depuis des temps très anciens et qui sont largement répandues toujours aujourd'hui. Par exemple:

- **L'huile essentielle de clou de girofle**: est un analgésique puissant, particulièrement utile en art dentaire.
- **L'huile essentielle de lavande officinale**: est employée en aromathérapie, comme antiseptique, et pour un certain nombre d'usages médicinaux.
- **L'huile essentielle d'arbre à thé**: est un antiseptique de large spectre.
- **L'huile essentielle de menthe poivrée**: utilisée contre les maux de tête.

L'aromathérapie est une forme de médecine alternative, dans laquelle les parfums ont une grande importance. Leurs composants variés et leur concentration induisent de nombreux effets curatifs. Il existe une thérapie particulière basée uniquement sur les parfums, l'olfactothérapie.

6.2.1. Propriété antiseptique

Cette propriété est due principalement à la richesse de ces substances en terpènes, aldéhydes, et en alcools, cas des huiles de Thym et d'Origan. Ce pouvoir s'exerce à l'encontre des bactéries pathogènes dont celles qui développent des résistances aux antibiotiques (antibiorésistance). D'autres HE ont des effets actifs sur les champignons tels que l'huile de Thym et de Cyprès.

6.2.2. Propriété spasmolytique et sédative

De très nombreuses drogues à huiles essentielles sont réputées efficaces pour diminuer ou supprimer les spasmes gastro-intestinaux.

Il est fréquemment connu qu'elles stimulent la sécrétion gastrique, d'où le nom "Digestive" et "Stomachique".

Nous les utilisons aussi dans certains cas d'insomnie, de troubles psychosomatiques divers, pour diminuer l'anorexie nerveuse, et la fatigue.

6.2.3. Propriété d'antidouleur et d'anti-inflammatoire

Quelques huiles sont utilisées comme anesthésiant, d'autres sont utilisées comme détoxiquant.

6.2.4. Propriété de cicatrisant et stimulant tissulaire

Les huiles de Romarin et d'origan ont montré un pouvoir cicatrisant très avancé aussi bien sur la peau que sur les tissus profonds : muqueuses, organes,...

6.2.5. Propriété irritante

Les huiles sont utilisées en usage externe provoquent des augmentations de la microcirculation et donnent une sensation de chaleur. Sur le marché nous trouvons plusieurs gels, crèmes et pommades à base d'huiles essentielles, destiné à soulager les entorses, les courbatures, les claquages et autres douleurs.

Par voie interne, les huiles déclenchent des phénomènes d'irritations à différents niveaux; stimulent les cellules à mucus et augmentent les mouvements de l'épithélium situé au niveau de l'arbre bronchique.

6.2.6. Propriétés antimicrobiennes et applications potentielles en agro-alimentaire

Les qualités antimicrobiennes des plantes aromatiques et médicinales sont connues depuis l'antiquité. Toutefois, il aura fallu attendre le début du 20ième siècle pour que les scientifiques commencent à s'y intéresser.

Ces propriétés antimicrobiennes sont dues à la fraction d'huile essentielle contenue dans les plantes, il existe aujourd'hui approximativement 3000 huiles, dont environ 300 sont réellement commercialisées, destinées principalement à l'industrie des arômes et des parfums. Depuis deux décennies, des études ont été menées sur le développement de nouvelles applications et l'exploitation des propriétés naturelles des huiles essentielles dans le domaine alimentaire.

Les huiles essentielles ont un spectre d'action très large puisqu'elles inhibent aussi bien la croissance des bactéries que celles des moisissures et des levures. Leur activité antimicrobienne est principalement fonction de leur composition chimique, et en particulier de la nature de leurs composés volatils majeurs. Elles agissent en empêchant la multiplication des bactéries, leur sporulation et la synthèse de leurs toxines. Pour les levures, elles agissent sur la biomasse et la production des pseudomycelium alors qu'elles inhibent la germination des spores, l'élongation du mycélium, la sporulation et la production de toxines chez les moisissures.

Afin de déterminer les propriétés antimicrobiennes des huiles essentielles, il est préférable de définir l'aromatogramme. Ce terme représente le résultat d'une technique récente qui permet d'étudier comme l'antibiogramme, la sensibilité des germes à différentes huiles essentielles, c'est-à-dire le pouvoir antimicrobien et antifongique. Il consiste à étudier l'activité des différentes souches microbiennes au contacte des huiles essentielles. Parmi ceux qui ont adopté cette méthode, le Dr Belaiche d'après a classé les huiles essentielles en :

1) Huiles majeurs : Appelées aussi "essence de germe", agissent sur les bacilles G$^+$ et G$^-$, leur action est constante et forte, et sont toujours efficaces.

2) Huiles mediums : Moyennement antiseptiques, elles se placent entre les huiles majeures et celles spécifiques pour chaque germe.

3) Huiles de terrain : Des huiles qui n'ont aucune action.

Les huiles essentielles possèdent plusieurs modes d'action sur les différentes souches de bactéries, mais d'une manière générale leur actions se déroulent en trois phases :

- attaque de la paroi bactérienne par l'huile essentielle, provoquant une augmentation de la perméabilité puis la perte des constituants cellulaires.

- acidification de l'intérieur de la cellule, bloquant la production de l'énergie cellulaire et la synthèse des composants de structure.

- destruction du matériel génétique, conduisant à la mort de la bactérie.

6.3. Propriétés cosmétologiques

Les marques de cosmétiques naturels contiennent des huiles essentielles pour leurs propriétés, pour servir de conservateur et aussi pour remplacer les parfums de synthèse. Dans les cosmétiques à base d'ingrédients naturels, les huiles essentielles sont donc présentes dans une proportion qui n'est pas que symbolique. Cette proportion reste cependant plus petite que dans les préparations à but médical.

Les personnes allergiques à certaines huiles essentielles peuvent réagir aux cosmétiques naturels qui en contiennent.

7. Mesure de prudence

L'huile essentielle est une substance active qui peut être dangereuse si elle est mal employée elle doit être utilisées avec une extrême prudence. Pas d'usage interne, sauf s'il est prescrit par une personne qualifiée, il ne faut pas se contentez d'une seule source : certains livres d'aromathérapie conseillent des erreurs, les vendeurs et les pharmaciens ne connaissent pas tous les effets des huiles essentielles et tous les sites internet ne sont pas fiables. Certaines huiles sont à éviter durant la grossesse, d'autres sont interdites aux personnes souffrant d'épilepsie, d'hypertension ou d'affection dermatologique.

Avant d'utiliser une huile essentielle, il faut prendre en compte les recommandations suivantes :

• Elles sont à éviter pour les femmes enceintes, les personnes âgées ou fragiles et les enfants de moins de 3 ans.

• Elles s'emploient en général très dilué sur la peau. Pures, elles risqueraient d'être dangereuses.

• Les huiles essentielles contenant des proportions élevées de phénols sont hépatotoxiques.

• Les huiles essentielles ont toutes des propriétés différentes et donc des effets spécifiques.

Certaines huiles comme les agrumes sont photosensibilisantes (ne pas s'exposer au soleil après leur utilisation), d'autres comme le thym sont allergènes, d'autres encore sont déconseillées en diffusion ou en massage.

• À savoir aussi, les chats ne supportent pas les huiles essentielles, qui peuvent s'avérer mortels pour eux.

• En cas d'ingestion accidentelle, prendre 1 à 10 cuillerées d'huile végétale. Consultez un médecin ou appelez un centre antipoison.

8. Composition chimique des huiles essentielles

Les huiles essentielles sont des mélanges naturels complexes et variables, formées de constituants qui appartiennent à deux groupes de molécules: le groupe des terpènoïdes d'une part et le groupe des composés aromatiques dérivés du phénylpropane d'autre part.

8.1. Les terpènoïdes

Terpènoïdes ou terpènes sont des dérives de l'isoprène (méthyl-2-butadiènes); chaque groupe de terpènes est issu de la condensation d'un nombre d'unités isoprèniques $(C_5H_8)_n$.

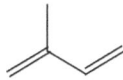

Unité d'isoprène

Les terpènes sont généralement distribués dans tout le règne végétal. Toutes les plantes vertes ont la capacité de produire des terpènes par la voix du mévalonate, mais cette spécificité n'est pas absolue car Robbers et *al.* (1996) mentionnent que les terpènes sont rencontrés également chez les champignons, chez certains animaux marins (Spongiaires), ainsi que chez certains insectes sous formes de phéromones sesquiterpèniques.

Les terpènoïdes les plus volatiles (la masse moléculaire la moins élevée : monoterpènes et sesquiterpènes) sont les plus concernés. Porteurs de fonctions chimiques dont le degré d'oxydation est variable, ils donnent naissance à des milliers de substances. Selon le nombre d'unités isoprèniques les terpènes sont classés en :

- **Monterpènes (C$_{10}$)** : se sont des carbures aromatiques, ils sont acycliques (myrcène, ocimène), monocycliques (α et γ-terpinène) ou bicycliques (pinène, camphene). A ces terpènes se rattachent un certain nombre de produits naturels à fonctions chimiques spéciales, surtout alcool et aldéhyde, comme: l'ocimène (basilic), le myrcène (laurier) et le géraniol. Ils constituent parfois 90% de l'huile essentielle (citrus, térébenthine).

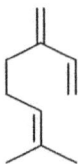

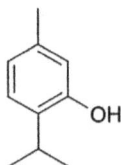

Acyclique (myrcène)   Mononcyclique (thymol)   Bicyclique (α-pinène)

- **Sesquiterpènes (C$_{15}$)** : C'est des carbures aromatiques, ils peuvent être linéaires (farnésol) ou cycliques (β-bisbolène).

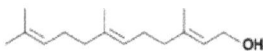

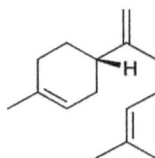

Linéaire (farnésol)   Cyclique (β-bisbolène)

- **Diterpènes (C$_{20}$)** : Ce sont des dérivés d'hydrocarbures aromatiques. Ces composées, à point d'ébullition élevé, se rencontrent surtout dans les résines.

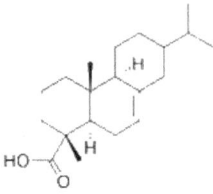

Acide abiétique   **Vitamine A**

- **Sesterpènes (C_{25})** : Ce sont des dérivés d'hydrocarbures.

- **Triterpènes (C_{30})** : Ce sont des dérivés d'hydrocarbures aromatiques.

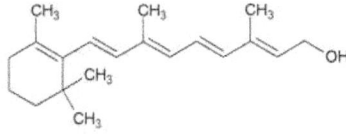

Squalène

- **Tértraterpènes ou polyterpènes (C_{40})** : Le caoutchouc naturel dont les précurseurs sont des stéroïdes, très répandus, notamment dans les résines, à l'état libre, estérifié, ou sous forme hétérosidique.

Caoutchouc

8.2. Les composés aromatiques

Dérivés du phénylpropane (C_6-C_3) sont beaucoup moins présents dans la composition de l'huile essentielle.

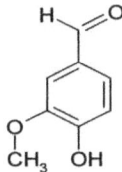

Vanilline

8.3. Composés d'origines divers

Lors de la préparation des huiles essentielles, certains composés aliphatique, de faible masse moléculaire, sont entraînés lors de l'hydrodistillation (carbures, acides, alcools, aldéhydes, esters…)

9. Facteurs de variabilité de la composition des huiles essentielles

Une huile essentielle est très fluctuante dans sa composition, sur laquelle intervient un grand nombre de paramètres qu'ils soit d'ordre naturel, d'origine intrinsèque ou extrinsèque ou d'ordre technologique, c'est-à-dire directement lié aux modes d'exploitation du matériel végétal.

9.1. Facteurs climatiques

a) la température et l'humidité

Chez *Pinus halpensis*, l'émission des réserves est stimulée par les hautes températures et par les humidités relatives basses et hautes. Dans une étude de plusieurs espèces méditerranéennes, il a été montré que l'émission de monoterpènes a tendance à diminuer en été, cette diminution serait due à la diminution de l'humidité ambiante, entraînant la fermeture des stomates et provoquait une baisse de la fixation photosynthétique du CO_2, engendre un manque de squelette carboné nécessaire pour la synthèse des terpènes (Liusia et Penuelas, 1999).

b) la lumière

Elle représente un facteur essentiel pour le déroulement des processus physiologiques, celle-ci peut affecter la production et l'émission des terpènes selon la capacité des plantes de stocker ou non les terpènes (Liusia et Penuelas, 1999).

Chez *Quercus ilex*, espèce ne stockant pas les terpènes, la diminution de l'activité photosynthétique entraîne une diminution dans la production des terpènes. Alors que chez *Pinus halpensis*, espèce qui stocke les terpènes, la lumière n'affecte pas leur émission. (Liusia et Penuelas, 1999).

c) la pluviométrie

Elle peut affecter la composition chimique de l'huile essentielle ; chez *Myrtus vulgaris*, après de fortes pluies la composition chimique de l'HE est modifiée alors que le rendement ne l'est pas. Dans les fruits mûres de cette plante après une période de pluie, il y a eu disparition de l'a- pinène et une baisse importante de cinéol et du myrténol. Par contre, l'acétate de myrtényl montre une très grande augmentation (Liusia et Penuelas, 2000).

d) les variations saisonnières

La saison affecte différemment l'émission des terpènes, selon que les espèces stockent ou non les terpènes. Alors que chez *Citrus albidus*, espèce qui stocke les terpènes, l'émission atteint des valeurs maximales au printemps et des valeurs minimales en automne, chez les espèces qui ne stockent pas les terpènes, cas de *Quercus ilex* présentent un maximum d'émission au printemps (Liusia et Penuelas, 2000).

Les facteurs climatiques et les pratiques culturales sont à l'origine de chémotypes, ceci a été observé chez *Thymus vulgaris*. En effet l'étude détaillée d'une petite surface a fait apparaître une répartition régulièrement liée aux changement de milieux. Par ailleurs en allant des milieux secs aux milieux les plus humides, nous rencontrons successivement des peuplements phénoliques (à carvacrol ou à thymol) puis des peuplements à linalol, à thymol et enfin les peuplements à a-terpinéol.

9.2. Facteurs techniques

Les conditions des récoltes, de transport, de séchage et de stockage peuvent générer des dégradations enzymatiques, les changements les plus importants interviennent pendant l'hydrodistillation sous l'influence des conditions opératoires notamment du milieu (pH, température), et la durée d'extraction.

D'autre facteurs tels les traitements auxquels on peut procéder avant ou pendant l'hydrodistillation (broyage, pression, agitation) contribuent à la variation du rendement et de la qualité de l'huile essentielle (Teisserie et al., 1987).

9.3. Les facteurs physiques

Les blessures causées par le vent, la pluie, la grêle, ou la moisson stimulent la production des terpènes dans les tissus de stockage, permettant ainsi la volatilisation directe des composés organiques. Chez les conifères, la blessure stimule la biosynthèse des oléorésines et des acides de la résine des diterpénoides à proximité de l'endroit blessé. Ces sécrétions permettent la protection contre le parasitisme et assurent la colmatation de la blessure.

9.4. Les facteurs phénologiques

Chez les végétaux, le bourgeonnement, le développement de la feuille, la floraison, la fructification produisent des changements dans la composition chimique et dans le rendement des terpènes. En effet, chez la menthe, pendant le développement de la feuille, la contenance totale de monoterpènes augmente avec l'âge. Par ailleurs, il a été montré que chez les jeunes feuilles, la biosynthèse et l'accumulation des monoterpènes est faible. Elle augmente à partir de 12 à 20 jours.

Au-delà de 20 jours, le taux de synthèse des monoterpènes décline précipitamment, et l'accumulation des monoterpènes cesse.

Chez *Thymus vulgaris*, le rendement en huile essentielle augmente faiblement avec l'état d'avancement de la plante, et atteint son maximum au stade de maturation du fruit. Cependant, la composition de l'huile essentielle subit de fortes variations au cours de son cycle végétatif. En effet, l'α- pinène, le cinéol, et plus encore l'acétate de myrtényle augmentent depuis le démarrage de la végétation jusqu'à la floraison. Ces variations dans la composition chimique de l'huile essentielle s'accentuent en période de fructification.

Chez *Artemisia herba alba* la composition en huile essentielle varie tout au long de son cycle végétatif. En effet, les cétones monoterpéniques tels que le camphre, le thuyone et le chrysanthénone prédominent en début de la floraison. Au terme du cycle végétatif leur proportion diminue considérablement et les esters, en l'occurrence les acétates de chrysanthényle et de bornyle, deviennent prépondérants.

10. Méthodes d'extractions

Selon Joulain (1979) " *...les huile essentielle sont les seuls produits naturels soumis à des normes internationalement acceptées. Elles sont fabriquées de plantes botaniquement définies d'après une procédure standard, alors que les extraits peuvent être obtenus à travers une variété de processus qui rendait la standardisation extrêmement difficile* "

10.1. Distillation- évaporation

La différence entre distillation et évaporation, est l'intérêt porté aux produits séparés dans la distillation. C'est la phase vapeur qui a de la valeur car elle contient le ou les constituants à séparer, alors que dans l'évaporation, c'est le résidu solide ou liquide obtenu par vaporisation du solvant, qui est le produit intéressant.

a) Distillation

Probablement la distillation avec l'eau est la principale technique de production des HE. Trois groupes de techniques sont utilisés :

-**L'hydrodistillation**, dans laquelle le végétal est en contact avec l'eau bouillante, ce qui évite d'agglutiner les charges végétales comme le fait l'injection de vapeur. Quelques utilisations actuelles : rose, fleurs d'oranger, amande.

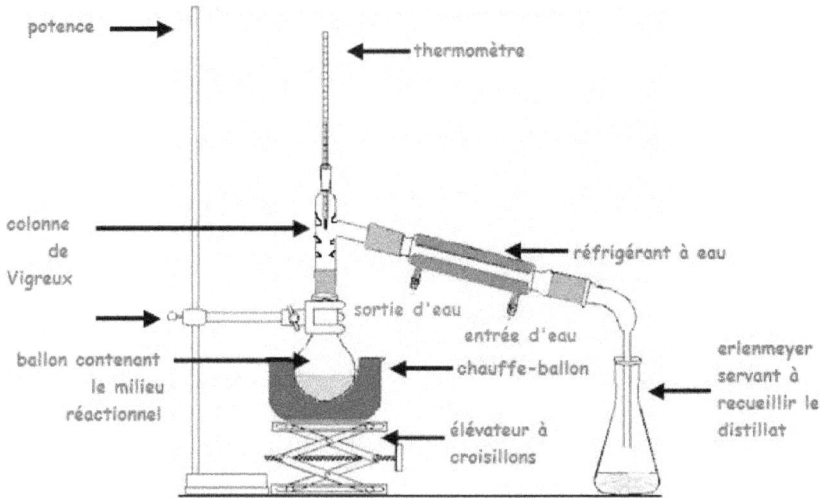

Figure 10 : Hydrodistillation

-**La distillation à la vapeur ou entraînement à la vapeur** : le végétal est supporté dans l'alambic par une plaque perforée située à une certaine distance au dessus du fon rempli d'eau. Le végétal est en contact avec la vapeur d'eau saturée, mais pas avec l'eau bouillante.

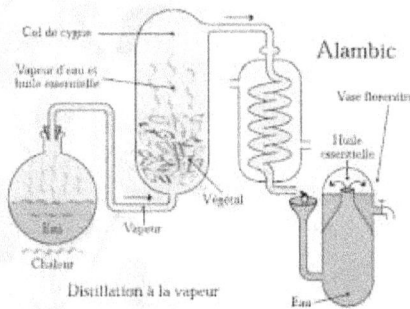

Figure 11 : Distillation à la vapeur

-**La distillation à la vapeur directe** : qui est identique à la précédente, sans eau dans le fond de l'alambic, la vapeur étant introduite au dessous de la charge végétale. Technique la plus utilisée actuellement, elle évite le contact prolongé du végétal avec l'eau en ébullition.

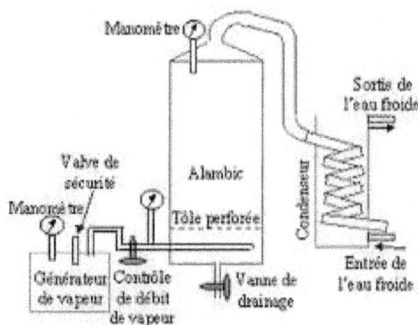

Figure 12 : Distillation à la vapeur directe

b) Distillation avec un autre fluide que l'eau :

L'emploi de liquides entraîneurs tels que les alcools à point d'ébullition élevé s'est généralisé depuis quelques décennies. On obtient ainsi d'excellents produits commerciaux, peu colorés.

10. 2. Extraction par solvants

Certains organes de végétaux, en particulier les fleurs, sont trop fragiles et ne supportent pas les traitements par entraînement à la vapeur d'eau et l'hydro- distillation. C'est le cas des fleurs de jasmin, d'œillet…Il faut donc pour ces végétaux, recouvrir à d'autres méthodes d'extraction des composés odorants volatils qui sont l'extraction par des solvants.

L'enfleurage est une technique qui date de l'Antiquité égyptienne. Elle consiste à déposer des plantes sur une couche de graisse qui absorbe les parfums. La graisse est ensuite mélangée à de l'alcool qui récupère les senteurs. L'alcool est ensuite évaporé et il reste une absolue. Ce mode d'extraction est souvent utilisé quand la distillation à la vapeur d'eau est difficile on obtient une absolue.

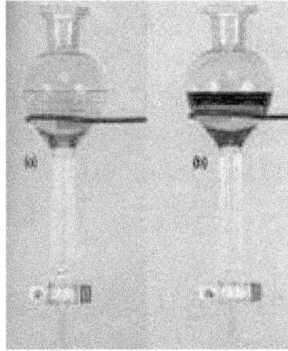

Figure 13 : Extraction par solvant

10.3. Extraction par micro-ondes sous vide

Dans ce procédé la plante est chauffée sélectivement par un rayonnement de micro-ondes dans une enceinte dont la pression est réduite de l'huile essentielle est entraînée dans le mélange isotopique formé avec la vapeur d'eau propre à la plante traitée. Très rapide, peu consommateur d'énergie ce procédé fournit un produit de qualité et de quantité supérieur à celle obtenue par l'hydrodistillation

10.4. L'expression

L'expression ou la pression à froid est réservée aux écorces des agrumes : le citron (*Citrus limonum*), la mandarine (*Citrus reticulata*), l'orange douce (*Citrus sinensis*), l'orange amère (*Citrus aurantium*), le pamplemousse (*Citrus paradisii*).

Figure 14 : L'expression

10.5. Extraction par le CO_2 supercritique

On peut également extraire les principes aromatiques avec du dioxyde de carbone supercritique (qui est dans un état intermédiaire entre un gaz et un liquide) mais les produits obtenus ne peuvent normalement pas s'appeler huiles essentielles (des extraits au dioxyde de carbone ($CO2$).

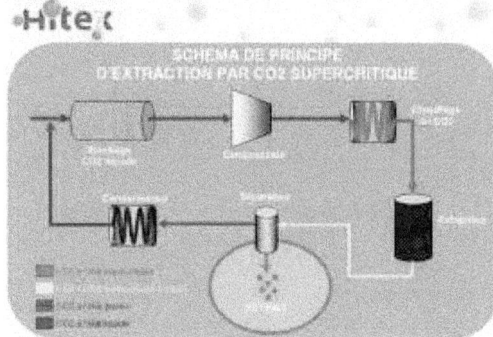

Figure 15 : Extraction par le CO_2 supercritique

11. Action des huiles essentielles

Les arômes végétaux agissent sur notre organisme de plusieurs manières :

- Directement sur notre épiderme en favorisant, par activation de la micro-circulation, la nutrition des tissus, la régénérescence cellulaire et l'élimination des déchets et toxines du métabolisme.

- Sur notre équilibre nerveux selon les huiles essentielles utilisées (yin-relaxantes, yang-tonifiantes ou yin / yang équilibrantes).

- Sur notre énergie générale : les huiles essentielles et baumes doivent leur action énergétisante à un apport d'électrons (action relaxante), de protons (action acidifiante).

Cet effet sur les parties les plus intimes de notre cerveau constitue la clé de l'étonnant pouvoir qu'exercent sur nous les molécules odoriférantes des huiles essentielles : les parfums agissent, en fonction de leur composition, sur les états émotionnels

12. Biosynthèse des huiles essentielles

Tous les terpènes sont des dérivés de l'isoprène actif (IPP), et chaque groupe de terpène est issu d'un nombre associés d'unités isopréniques

L'IPP peut provenir de 2 voies; soit par la voie du **mevalonate** : dans ce cas le précurseur de l'IPP est l'acétyle CoA provenant de la glycolyse via le pyruvate, c'est l'exemple des monoterpènes, sesquiterpènes et polyterpènes ; soit par la voie du **non mevalonate** : dans ce cas l'IPP proviendrait directement du pyruvate.

12.1. Les étapes de biosynthèse de l'IPP par la voie du Mevalonate (Mva)

L'étape initiale de cette voie consiste en une condensation de trois molécules d'acétyle CoA pour former le HMG CoA. Ces deux premières réactions font intervenir deux enzymes distincts ; une Acétyles CoA transférase et une HMG CoA synthétase. Le HMG CoA est ensuite réduit par une HMG CoA réductase pour donner le MVA. Le MVA est, ensuite, phosphorylé en 5 pyrophospho-mevalonate (MVAPP) grâce à une mevalonate kinase. En présence d'une nouvelle molécule d'ATP, la décarboxylation du MVAPP en pyrophosphate d'isopentènyl (IPP) est catalysée par une mevalonate diphosphate décarboxylase.

12.2. Les étapes de biosynthèse de l'IPP par la voie du non Mevalonate (Mva)

Dans cette voie, l'IPP proviendrait de la condensation d'un pyruvate et d'un glycéraldehyde phosphate (GAP), pour former un intermédiaire en C5 ; le désoxyxylulose 5 phosphate. Ce dernier subit une série de transformations conduisant au précurseur probable de l'IPP.

12.3. Biosynthèse des précurseurs des Monoterpènes et des Sesquiterpènes

Le pyrophosphate d'isopentényl (IPP) formé par la voie du MVA constitue l'unité isoprénique d'enchaînement ; il s'isomérise en pyrophosphate dimethylallyle (DMAPP), grace à une IPP isomérase. Le DMAPP se combine avec une autre unité isoprénique pour donner le géranyl pyrophosphate qui représente le précurseur des monoterpènes. Une addition d'un autre IPP sur le GPP conduit au pyrophosphate de farnésyl qui est un précurseur des sesquiterpènes.

12.3.1. Biosynthèse des monoterpènes

Il existe deux types de monoterpènes : les monoterpènes réguliers et les monoterpènes irréguliers.

a)- Les monoterpènes réguliers

Le GPP, précurseur de toute la série des monoterpènes réguliers est issu du groupement d'une molécule d'IPP et du DMAPP. La cyclisation du GPP est catalysée par un monoterpène cyclase, elle implique le passage par un terpènyl qui ne peut se faire qu'à partir du Néryl pyrophosphate. A partir de ce cation terpènyl, la cyclisation peut avoir divers arrangements. Les réactions de cyclisations et de réarrangements se terminent, soit par la perte d'un proton et donc formation de carbures (α-pinène, terpinolène,..), soit par addition d'un nucléophile et aboutit alors à la formation d'un alcool (terpineol, borneol,..). Les dérivés oxygénés, en dehors des alcools formés par capture du carbocation par l'eau et formé à partir des carbures par des réactions d'oxydations, sont catalysés par des oxydases classiques.

b)- Les monoterpènes irréguliers

Ils sont issus du couplage du pyrophosphate de chrysanthémyle, lequel provient du couplage de deux molécules de DMAPP. L'existence des terpènes irréguliers s'expliquerait par un mécanisme impliquant la rupture des liaisons du cycle cyclopropanique du chrysanthémane. L'acide chrysanthémique et ses dérivés sont présents chez les Astéracées.

12.3.2. Biosynthèse des sesquiterpènes

Le 2E, 6E FPP, précurseur de toute la série des sesquiterpènes résulte de l'addition d'une molécule d'IPP sur le GPP. La cyclisation du FPP est catalysée par des sesquiterpènes cyclases ; elle se fait par attaque électrophile sur la double liaison distale, conduisant ainsi aux carbures sesquiterpènes les plus répandus (humulène, germacrène, caryophyllène,..). La cyclisation intramoléculaire tel que les réarrangements et les oxydations conduisent à un très grand nombre de structures.

Conclusion

Conclusion

Les nombreuses propriétés naturelles des huiles essentielles en font à la fois des ingrédients nutraceutiques et des agents de conservation très prometteurs pour l'industrie alimentaire. Chaque huile essentielle possède une activité spécifique variable selon les microorganismes et les conditions environnementales, aussi la généralisation de leur action antimicrobienne n'est pas facilement envisageable à tous les aliments. Mais, le recours aux huiles essentielles s'avère être un choix pertinent face à un risque de contamination précis ou à la nécessité de réduire ou remplacer les agents de conservation chimiques ou synthétiques. Aussi, leur utilisation en très faibles quantités est envisageable en raison de leur grande efficacité, contrairement à certains additifs comme les sels ou les épices entières. Leur utilisation combinée à d'autres procédés de conservation en feront certainement dans les prochaines années l'agent antimicrobien naturel incontournable pour améliorer la durée de vie des aliments. En outre, l'ajout d'huiles essentielles dans un aliment pourrait lui conférer une valeur nutraceutique.

D'autres propriétés des huiles, notamment antiparasitaire, insecticide, antifongique et antivirale sont actuellement à l'étude par plusieurs équipes, dont la notre, pour répondre aux exigences de l'agriculture biologique en développant des biopesticides ou des suppléments alimentaires pour animaux, enrichis en substances naturelles efficaces contre les infections. À plus ou moins long terme, ces travaux pourraient être une réponse face au problème des antibiotiques et de leur résistance, et avoir une application en santé humaine et animale.

Références

Références

- **Abrassat J. 1988.** Mille et une vertus des huiles essentielles. Paris : Quy Trédaniel, 85p.

- **Adam K., Sivropoulou A., Kokkni S., Lanaras T. and Arsenakis M., 1998.** Antifungal Activities of *Origanum vulgare subsp, Mentha spicata, Lavandula angustifoia* and *Salvia fruticosa* essential oils against human pathogenic fungi. J. agric. Food chem.., vol 46, n°6, 1739-1745.

- **AFNOR 2000.** Les huiles essentielles. Tome 2. Vol 2. Paris.

- **Aldo P. 1987.** Fleurs et plantes médicinales. Paris : Delachaux et Niestlé, 192p.

- **Allou F et Nedjari F., 2002.** Etude des bactéries causant la GEI. Institut de Biologie. Blida, 47p.

- **Andrews J.M., 2001.** The development of the BSAC standardized method of disc diffusion testing. J. of Antimic. Chemo., Vol.48, Suppl. S1, 29-42

- **Anonyme, 2002.** identification biochimique des bactéries.

- **Anonyme, 2004.** Centre national d'informatique et de statistiques des douanes d'Algérie.

- **Anonyme , 2004.** Plante selvestre de Espagna.

- **Arnaud P. 1985.** cours de chimie organique. 4ème édition. Paris : Bordas. Gauthier Villars.

- **Arnie C., Françoise P. 2001.** Le préparateur en pharmacie. Paris : Techniques et documentations, p44.

- **Assayad I. 1999.** Journal of Jazeera, GNO 9820.

- **Avril J.L. 1988.** dictionnaire pratique de bactériologie clinique. Paris : ellipses, 230p.

- **Baba Aissa F, 2000.** Encyclopédie des plantes. Flore d'Algérie et du Maghreb, substances végétales d'Afrique d'orient et d'occident. P : 62 – 63.

- **Bedoukian P.Z. 1964.** Amer, perfumer and cosmet. Vol.79(4). P27.

- **Bejot J., 2004.** coloration de Gram, encyclopédie Universalis 2004. Microsoft.

- **Belaiche T., Tantaoui-Elaraki A. et Ibrahimy A., 1996.** Etude comparative des effets simultanés de trois terpènes sur trois moisissures. Sci. Aliments, 16 : 537-543.

- **Belin J.** La grande flore en couleur de Guston Bonnier. Vol 3. 596-603 pp.

- **Benayache F., Benayache S., Medjbouri K., Georges M., Alinon P., Droodz B. and Nowaks G. 1992.** Sesquiterpene lactones from *Centaurea pullata* . phytochemistry, vol 31:12, 4359-4360.

- **Bendekkan M. 1994.** Extraction de l'huile de nigelle par solvants volatils et par hydrodistillation. Thèse d'ingéniorat. Institut de chimie. Blida :80p.
- **Beuchat L.R. 1994.** Antimicrobial properties of spieces and their essential oils. In natural antimicrobial systems and food preservation. Ed. Dillon, VM and Board. 167-179 pp.
- **Bianchini F, Corbetta F.** atlas des plantes médicinales. Paris : Fernand Nathan Edite .1976 :231p.
- **Bohlman F., Burkhardt T. and Zedero C. 1973.** Naturally occurring acetylenes. P452. academic press London.
- **Bousbia N. 2004.** Extraction et identification de quelques huiles essentielles. Thèse de magister. INA. Alger :130p.
- **Bowles B.L., Sackity S.K. et Williams A.C. 1995.** Inhibitory effects of flavour compounds of *Staphylococcus aureus* WRRC B124. J. Food Saf., 15: 337-347.
- **Bruneton J. 1993.** Pharmacognosie, phytochimie, plantes médicinales. $2^{\text{ème}}$ édition. Paris : Lavoisier, 623p.
- **Bruneton J. 1999.** Pharmacognosie, phytochimie, plantes médicinales. $3^{\text{ème}}$ édition. Paris :Techniques et documentations, 770p.
- **Canillac N. et Mourey A. 1996.** Comportement de Listeria en présence d'huiles essentielles de sapin et de pin. Sci. Aliments, vol.16, pp :403-411.
- **Capet R.G. 1970.** Aide mémoire de détermination microbienne. Paris : vigot frères, 135p.
- **Chamouleau A. 1979.** Les usages externe de la phytothérapie. Paris : Maloine, 200p.
- **Chao S.C., Young D.G. et Oberg G.J. 2000.** Screening for inhibitory activity of essential oils on selected bacteria, fungi and viruses. J. Essent. Oil Res., 12 : 639-649.
- **Cicile J.C. 2002.** Distillation, absorption, étude pratique. Technique de l'ingénieur. J 2610. 1-20 pp.
- **Climent J, 1981.** Larousse agricole. 730-732 pp.
- **Conner D.E. et Beuchat L.R. 1984.** Effects of essential oils from plants on growth of food spoilage yeasts. J. Food Sci., 49: 429-434.
- **Couderc V.l., 2001.** Toxicité des huiles essentielles, Thèse de Docorat, Université de Toulouse, 84p.
- **Croteau R. 1987.** Biosynthesis and catabolism of monoterpenoids. Chem. Rev., 87: 929-954.
- **Deans S.G et Ritchie G. 1987.** Antimicrobial properties of plant essential oils. Int. J. of Food Microbiol., vol5: 165-180.

- **De Feo V., Bruno M., Tahiri B., Napolitano F and Senatore F. 2003.** Chemical compostion and antibacterial activity of essential oils from *Thymus spinulosis*. J. Agric. Food chem.. 51: 3849-3853.

- **Delaquis P.J., Stanish K., Girard B. et Mazza G. 2002.** Antimicrobial activity of individual and mixed fractions of dill, cilantro, coriander and eucalyptus essential oils. Int. J. Food microbiol. 74 : 1001-109.

- **Demalsy P. 1990.** Les plantes à graines. Structure, biologie, développement. Paris : Armond . Colin, 335p.

- **Deysson G. 1978.** Organisation et classification des plantes vasculaires. Tome II. Paris : SEDES et CDVI. 381p.

- **Djerroumi A., Nacef M. 2004.** 100 plantes médicinales d'Algérie. Alger. Palais du livre, 159p.

- **Ela M.A., Elshaer N.S. et Ghanem N.B. 1996.** Antimicrobial evaluation and chromatographic analysis of some essential oils. Pharmazie, 51: 993-995.

- **Elgayyar M., Draughon f.A. Golden D.A et Mount J.R. 2001.** Antimicrobial activity of Essential oils from plants against selected pathogenic and saprophytic Microorganisms. J. Food protect. 64 : 1019- 1024.

- **Endrias A. 2006.** Bio-raffinage de plantes aromatiques et médicinales appliqué à *l'Hibiscus sabdariffa* L. et à *l'Artemisia annua*. Université de Toulouse. 185p.

- **Farag R.S., Daw Z.Y., Hewedi F.M. and Elbaroty G.S.A. 1989.** Antimicrobial activity of some Egyptian spice essential oils. J. Food protec., 52: 675-679.

- **Farbood M.I., Macnelil J.H. and Ostovar K. 1976.** Effects of rosmary spice extractive on Growth of micro organisms in meats. J. Milk food technol., 39:675-679.

- **Flurette J. Freney J et Reverdy M.E. 1995.** Antisepsie et désinfection. Paris : ESKA,639 p.

- **Fourment M. 1942.** Répertoire des plantes médicinales et aromatiques d'Algérie. Direction de l'économie algérienne. 160 p.

- **Frisvad J.C., Samson RM. 1990.** Chemotaxonomy and morphology of *Aspergillus niger* and related taxa. Modern concept in Penicillium and Aspergillus classification. New York: Plenum press: 201-208.

- **Garnero J. 1996.** Huiles essentielles. Techniques de l'ingénieur. K 345, 1-45.

- **Gershenzon J., Mccaskill D., Rajaonarivony. J.I.M., Mihaliak C., Karp F. and**

- **Groteau R. 1992.** Isolation of secretory cells from plant glandular trichoms and their use in biosynthetic of monoterpènes. Anal. Biochem. 200: 130-138.

- **Giamperi L., Fraternale D. et Ricci D. 2002.** The in vitro action of essential oils on different organisms. J. Essent. Oil Res., 14: 312-318.

- **Hans F. 1977.** Petit guide panoramique des herbes médicinales. Paris : Delachaux et Niestlé, 360p.

- **Hussein A.M.S. 1990.** Antibacterial and atifungal activity of some Libyan aromatic Plants. Planta medica, 56: 644-649.

- **Inouye S., Takiswa T. and Yamaguchi H. 2001.** Antibacterial activity of essential oils and their major constituents against respiratory tract pathogens by gaseous contact. J. of. Antimi. Chemo., 47:565-573.

- **Jay J.M. et Rivers G.M. 1984.** Antimicrobial activity of some food flavouring Compounds. J. Food saf., 6: 129-139.

- **Jay J.M. 1996.** Microorganisms in fresh ground meats: the relative safety of product With low versus high numbers. Meat Sci., 43: S59- S66.

- **Jouilain D. 1997.** Essential oils. International conference on plant oils and marine lipids.Auckland, New Zealand, 25-28.

- **Katayama T. and Nagai I. 1960.** Chemical significance of the volatile components of spices in the food preservative viewpoint- IV: structure and antibacterial activity of terpenes. Bull. Jap. Soc. Sci. fish., 26:29-32.

- **Kerharo J. 1974.** La pharmacopée sénégalaise traditionnelle. Plantes médicinales et toxiques. Paris : Vigot frères, 1011p.

- **Kirck J. and Othmer F. 1983.** Encyclopaedia of Chemical technology. Willy and sons.

- **Kivanc M. et Akgul A. 1986.** Antibacterial activities of essential oils from Turkish spices and citrus. Flav and fragr. J .1: 175-179.

- **Knobloch K., Paulia., Iber L., Weigand H and Weis N. 1989.** Antibacterial and antifungal properties of essential oil components. J. Essent. Oil. Res. 1:119-128.

- **Larpent M et Sanglier J.J. 1992.** Biotechnologie: principes et méthodes. Doin éditeurs Paris, 688p.

- **Latta S. 1999.** Essential oils. INFORM, 10: 13714- 13719.

- **Lawrence B.M. 1993.** A planning scheme to evaluate new aromatic plants for the flavour and fragrance industries. New crops. Edition J. Janick and J.E. Simon Wiley NY: 620-627.

- **Leclerc H. 1983.** Microbiologie générale. Doin editeur. Paris, 369p.

- **Liusia J. et Penuelas J. 1999.** Short term response of terpene emission rates to experimental changes of PFD in *Pinus halepensis* and *Quercus ilex* in summer field conditions, environmental and experimental botany., 42. P: 317 – 320.

- **Liusia J et Penuelas J. 2000.** Seasonal patterns of terpene content and emission from seven Mediterranean woody species in field condition American journal of botany., 87, 133 – 140.

- **Lopez –Malo A., Alzamora S.M. et Argaiz A. 1998.** Vanillin and pH synergistic effects on mold growth.

- **Mactavish H. et Harris D. 2002.** ADAS Consulting Ltd: An economic study of essential oil production in the UK. For the government industry forum for non food crops. 58p.

- **Mann C.M., Cox S.D et Mahram J.L. 2000.** The outer membrane of *Pseudomonas aeruginosa* contributes to its tolerance to the essential oil of *Melaleuca alternifolia* (tea tree oil). Lett. In Appl. Microbial., 30: 294-297.

- **Marino M., Bersani C. and Comi G. 1999.** Antimicrobial activity of essential oils of *Thymus vulgaris* L. Measured using a bioimpedometric method. J. Food Protect., 62: 1017-1023.

- **Meena M.R. and Sethi V. 1994.** Antimicrobial activity of the essential oils from spices. J. Food Sci and Tech. Mysore. 31: 68-70.

- **Morin O. 2003.** Aspergillus et aspergillose. Biologie, encyclopédie médico- chirurgicale Maladies infectieuses. 8-600-A-10. Edition scientifique et médicales. Elseiver SAS, Paris.

- **Morris J.A., Khettry A and Seitz E.W. 1997.** Antimicrobial activity of aroma chemical sand essential oils. J. Am. Oil Chem. Soc. 56: 595-603.

- **Paris M et Ourabielle M. 1981.** Abrégé de matière médicale. Pharmacognosie. Paris : Masson, 136p.

- **Pellerin P. 2001.** Extraction par le CO_2 à l'état supercritique. Ann. Fals. Exp. Chim.94 : 51-62.

- **Peyron L. 1992.** Techniques classiques actuelles de fabrication des matières premières naturelles aromatiques. Chapitre 10, pp 217-238. cité in : les aromes alimentaires. Coordinayeurs Richard H et Multon L.L. Tec et Doc. 438p.

- **Pilet C., Avril J.L., Muller P. 1983.** Bactériologie médicale et vétérinaire. Systématique Bactérienne. Paris : Flammarion, 363p.

- **Raven P.H., Evert R.F. et Eichhorn S.E. 1993.** Biologie végétale. Paris : De Boek, 944p.

- **Salton M.R.J. 1968.** Lytic agents, cell permeability and monolayer penetrability. Gen physiol., 52: 227-252.

- **Schawenberg P. et Paris F. 1977.** Guide des plantes médicinales. Paris : Delachaux et Niestlé. 3 ème édition. 396p.

- **Seguin E, Ghestem A et Ovecchioni G. 2001.** Le préparateur en pharmacie «botanique – pharmacognosie – phytothérapie homéopathie». Edition Tec et Doc. P : 143 – 146.

- **Smith-Palmer A., Stewart J. et Fyfe L. 2001.** Antimicrobial properties of plant essential oils and essences against five important food- borne pathogens. Lett. In Appl. Microbiol., Vol. 26: 118-122.

- **Stecchimi M.L., Sarais I and Giavedoni P. 1993.** Effect of essential oils on *Aeromona hydrophila* in a culture medium and cooked meat. J. Food. Prot., Vol 56, 2078-2089.

- **Tassou C.C. and Nychas G.J.E. 1995.** Antimicrobial activity of the essential oil of Mastic gum on gram positive and gram negative bacteria in broth and in Model food system. Int. Biodeterioration and biodegradation.36: 411-420.

- **Valnet J. 1983.** Phytothérapie, traitement des maladies par les plantes. 5 ème édition Maloine SA éditeurs, Paris.

- **Vernet P.L, Gullerm J.L et Gouyon P.H. 1977.** Le polymorphisme chimique de *Thymus Vulgaris* L (Labiées). Répartition des formes chimiques en relation avec certains facteurs écologiques. Ecologia plantarum, tome 12. P : 2.

- **Wagner G.J., Wang E. and Sheferd R.W. 2004.** New approaches for studying andExploiting an old protuberance, the plant trichome. Annals of botany. 93: 3-11.

- **Warden J. 1998.** GPs fail to report food poisoning BMJ. Food microbio., 18: 463-470.

- **Zaika L.L. 1988.** Spices and herbs, their antimicrobial activity and its determination. J. Food Nutr. 9: 97-118.

www.ingramcontent.com/pod-product-compliance
Lightning Source LLC
Chambersburg PA
CBHW021609210326
41599CB00010B/674